**Bibliographic information published by the German National Library:**

The German National Library lists this publication in the National Bibliography; detailed bibliographic data are available on the Internet at http://dnb.dnb.de .



**Imprint:**


Print and binding: Books on Demand GmbH, Norderstedt Germany
ISBN: 9783668792883

**This book at GRIN:**

https://www.grin.com/document/439005

**Fernando Tapia Ramirez**

# Tecnologia contemporánea de los materiales

GRIN Verlag

# CONTEMPORARY MATERIALS TECHNOLOGY

Fernando Ignacio Tapia Ramírez

Ingeniero Electrónico
Magister E.C.M. Física
Magister en Ciencias de la Educación

**Estudiante de Doctorado en Ingeniería Electrónica, A.I.U. 2017**

## RESUMEN

*La Ingeniería como tal, cada vez ha mejorado sus procesos de desarrollo de nuevos materiales que dependiendo de su aplicación, han permitido encontrar sistemas más livianos, mejores conductores eléctricos, mayor resistencia mecánica, entre otros. A partir de ésta propuesta, se expondrá un recorrido temático de materiales existentes clasificados por posible aplicación en la disciplina Electrónica, en donde se expondrán ensayos experimentales, debidamente documentados, asociados a variables mecánicas y eléctricas.*

**PALABRAS CLAVE**: Conductores, Aislantes, Semiconductores, Enlaces, Materiales, Estructura

## INDICE

## 1. Introducción

El Material presentado a continuación corresponde a un recorrido temático asociado a la aplicabilidad conceptual de diversos materiales, con un énfasis en el uso en los sistemas que componen partes y piezas eléctricas. Para ello, se llevó a cabo la definición de principios químicos, como también se indagó en terreno, lugares existentes para su obtención y aplicación práctica. Cabe señalar, que a diferencia de otros contextos de expresión académica investigativo, en ninguna parte en ésta oportunidad se hizo referencia a modelos matemáticos asociados a la respuesta de cada uno de ellos, sin embargo, se hizo alusión a compartir una serie de imágenes que modelan el contexto y funcionalidad de ello. La propuesta finalmente, recalca la relevancia de la multidisciplinaridad de cada material y deja en evidencia, la relevancia de las redes de trabajo profesional, que implica hacer proyectos de mayor envergadura, y el motivo principal, “dominar el uso de un material de acuerdo a su disciplina”.

## 2. ¿De qué se compone la materia?.... Mirada Contemporánea.

La composición de la materia, es un concepto que desde la mirada evolutiva de la ciencia de los materiales, ha tenido importantes cambios de paradigma. El hito importante, propuesto por John Dalton, en el año 1808, se basa en la idea que el átomo es la parte más pequeña en que un elemento puede dividirse, conservando sus características propias.

Sin embargo, como cualquier idea científica, ésta evolucionó llegando a postular a la idea que los átomos se conforman también por partículas más pequeñas, denominadas partículas subatómicas. Las mas significativas, fueron llamadas protones, electrones y neutrones, los cuales conforman inicialmente el modelo atómico.

En esto mismo, es relevante destacar que en el año 1897, gracias a la indagación en ésta área, el científico J. Thompson, al momento de investigar los rayos catódicos, descubrió la existencia de partículas, que era posible extraerlas a través de campos eléctricos. Las partículas estudiadas se les denominó electrones.

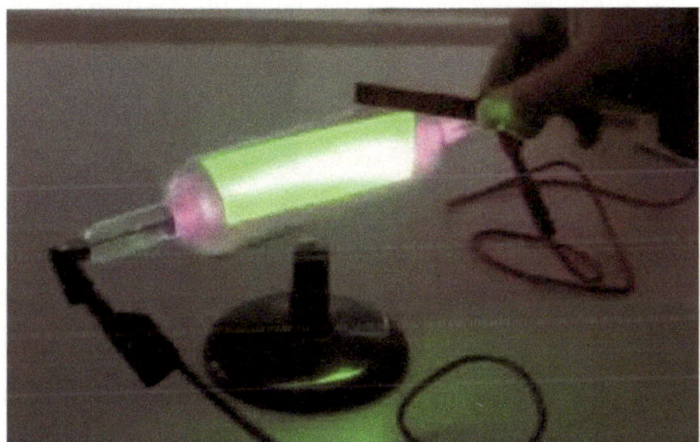

**Figura:** Tubo de Rayos catódicos, Gentileza Equipamiento Laboratorio de Física, Universidad de Talca, Chile. [1]

Cabe señalar que para la puesta en operación de un tubo de rayos catódicos se hace uso de fuentes de alta tensión, bordeando los 10.000 (V), típicamente, lo cual hace visible el desplazamiento de electrones. Desde el punto de vista de la Ingeniería aplicada, éste descubrimiento, permitió configurar los primeros y ya dejados de utilizar Televisores de rayo catódico convencional.

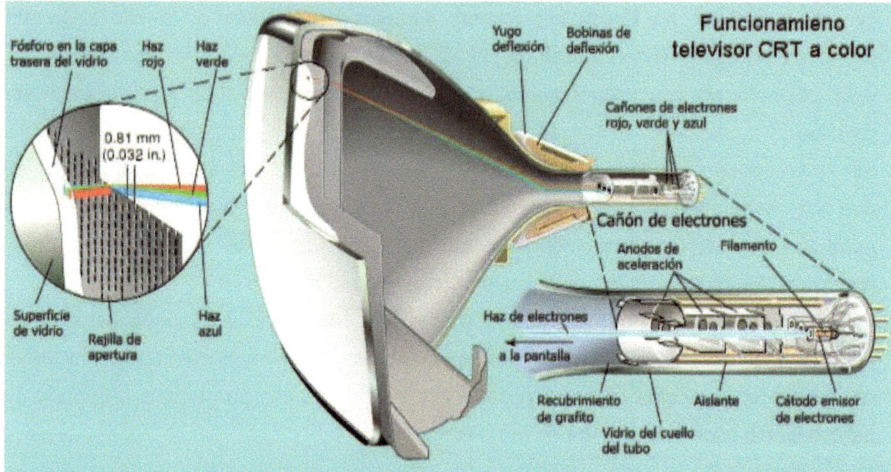


**Figura,** Descripción funcional, del funcionamiento de un televisor de rayos catódicos. [2]

Cabe señalar, que empresas como Panasonic, al año 2006, anunció que fue su último año de fabricación de tubos de rayos catódicos para la construcción de televisores. [3]

Los griegos, en su actuar filosófico, llamados también atomistas, encabezados por Demócrito, (460 a.C. a 370 a.C), fueron los primeros en comenzar a utilizar el concepto poco claro a la época de átomo. Para ellos, el concepto de teoría atómica, con el afán de mirar cada sustancia de la manera mas diminuta, comprendían que “toda materia está compuesta por diminutas partículas inalterables a los 4 elementos, tierra, aire, agua y fuego), llamada también átomo. Éstos se unen de distintas maneras, con el fin de configurar las distintas sustancias. No olvidando además que la época citada, fue la época de “la física del sentido común”.

**Figura:** Concepto inicial, de la composición de las partículas, según la creencia Griega. [4]

Si bien puede parecer involutivo mencionarlo al final de ésta definición, es relevante mencionar, que el comprender de que se compone cada sustancia, es de carácter vital para la Ingeniería, independiente de la época vivenciada, ya que el saberlo, nos puede ayudar a predecir con claridad para que nos sirve cada material y cuál será su comportamiento frente a cada aplicación.

Finalmente, para efectos de concretizar, la idea central, el átomo a estudiar bajo la definición que se aplicará en el presente escrito, será el modelo atómico de Bohr, el cual se compone o describe con la siguiente imagen:

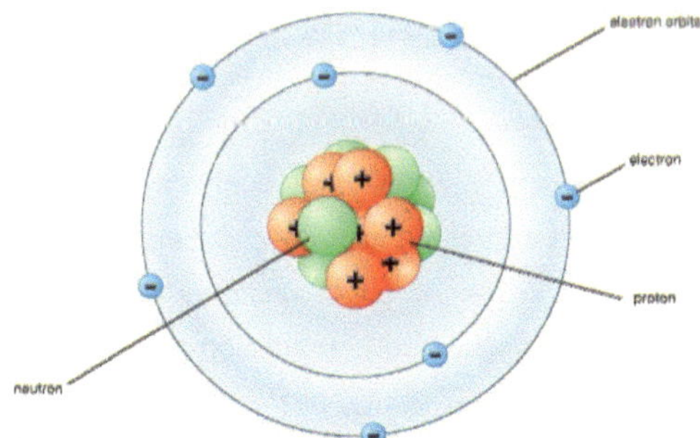


**Figura:** Modelo Atómico planteado por Niels Bohr (1913), que considera partículas girando alrededor de un núcleo. El ejemplo corresponde a un átomo de Hidrógeno. [5]

Tomando como referencia la propuesta de Bohr, en conjunto con Rutherford (1912), éste modelo atómico, tiene partes que caracterizarán cada elemento químico de aquí en adelante compuesto por:

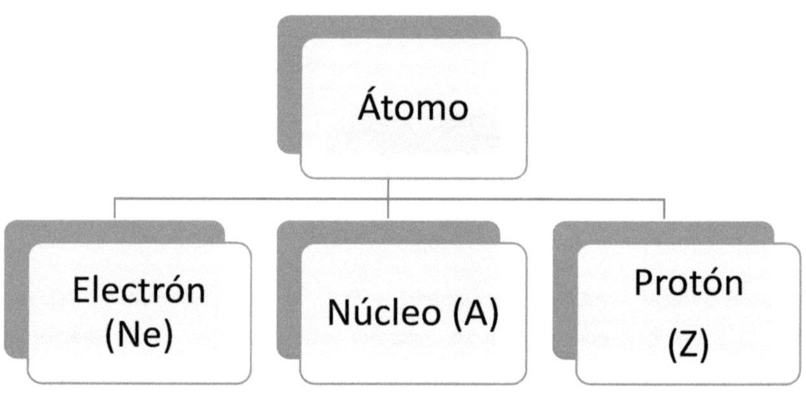


**Donde:**

**Z**, corresponde al número atómico, correspondiente al número de protones que contine el núcleo.

**A**, corresponde al número másico, que es la suma del número de protones (Z) y el de neutrones (N) que se encuentran en el núcleo.

**Ne**, es el número de electrones que se encuentran en cada átomo, que es otra forma de mirar la característica de un elemento ya que si el átomo es neutro, éste valor coincide con el Número atómico (Z)

Bajo el principio de los postulados de la física cuántica, se ha establecido una relación que nos permite estudiar las características de cada elemento químico, asumiendo que los electrones se encuentran dispersos en niveles energéticos o capas (1,2,3,4,5....); sus tipos de orbitales (s,p,d o f) y existiendo la condición límite de electrones para cada una de ellas de la siguiente manera:

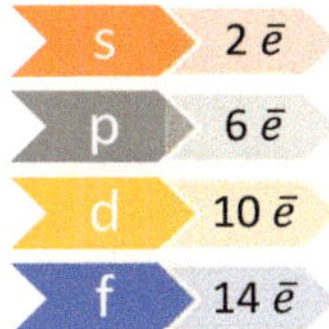


**Figura:** Cantidad de electrones aceptada por cada orbital.

Si tomamos algunos elementos químicos existentes, presentes en una diversidad de aplicaciones del ámbito electrónico, podemos ejemplificar las siguientes estructuras electrónicas:

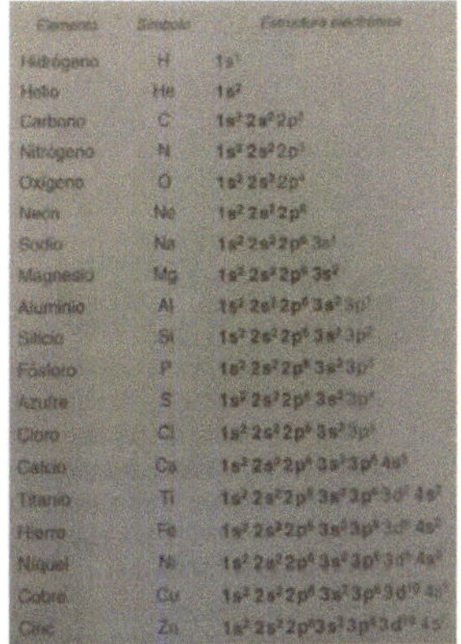

| Elemento | Símbolo | Estructura electrónica |
|---|---|---|
| Hidrógeno | H | $1s^1$ |
| Helio | He | $1s^2$ |
| Carbono | C | $1s^2 2s^2 2p^2$ |
| Nitrógeno | N | $1s^2 2s^2 2p^3$ |
| Oxígeno | O | $1s^2 2s^2 2p^4$ |
| Neón | Ne | $1s^2 2s^2 2p^6$ |
| Sodio | Na | $1s^2 2s^2 2p^6 3s^1$ |
| Magnesio | Mg | $1s^2 2s^2 2p^6 3s^2$ |
| Aluminio | Al | $1s^2 2s^2 2p^6 3s^2 3p^1$ |
| Silicio | Si | $1s^2 2s^2 2p^6 3s^2 3p^2$ |
| Fósforo | P | $1s^2 2s^2 2p^6 3s^2 3p^3$ |
| Azufre | S | $1s^2 2s^2 2p^6 3s^2 3p^4$ |
| Cloro | Cl | $1s^2 2s^2 2p^6 3s^2 3p^5$ |
| Calcio | Ca | $1s^2 2s^2 2p^6 3s^2 3p^6 4s^2$ |
| Titanio | Ti | $1s^2 2s^2 2p^6 3s^2 3p^6 3d^2 4s^2$ |
| Hierro | Fe | $1s^2 2s^2 2p^6 3s^2 3p^6 3d^6 4s^2$ |
| Níquel | Ni | $1s^2 2s^2 2p^6 3s^2 3p^6 3d^8 4s^2$ |
| Cobre | Cu | $1s^2 2s^2 2p^6 3s^2 3p^6 3d^{10} 4s^1$ |
| Cinc | Zn | $1s^2 2s^2 2p^6 3s^2 3p^6 3d^{10} 4s^2$ |

**Tabla:** Estructuras Electrónicas. [6]

### 2.1 Tipos de elementos químicos.

Los elementos químicos, también presentados en la convencional tabla periódica, propuesta por Dmitri Mendeléyev, en el año 1869, pueden ser clasificados en las 3 siguientes categorías:

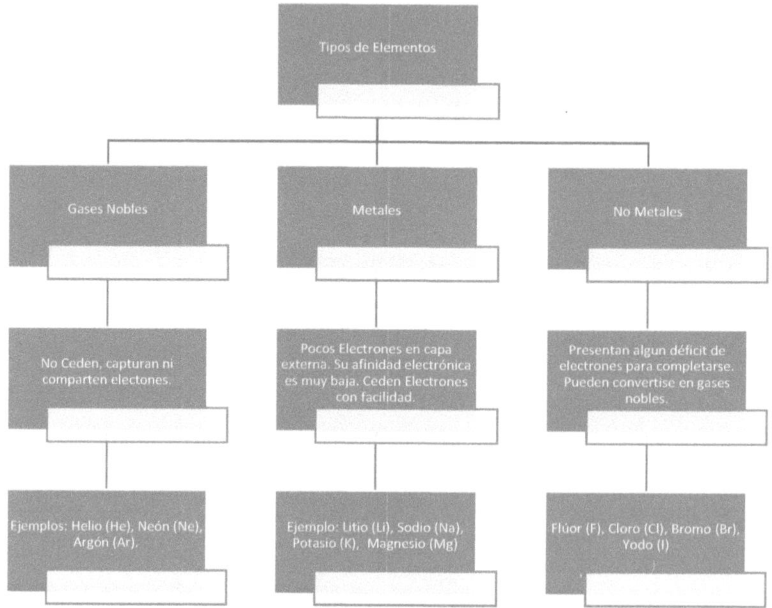


Ahora bien, dentro de las posibilidades de aplicabilidad tenemos elementos químicos, que se caracterizan, por ser muy utilizados en las áreas eléctricas y electrónicas, algunos de ellos son:

**Germanio**: Dopado con otros componentes se utiliza como semiconductor.

**Silicio**, al igual que el Germanio, dopado con otros componentes, tiene una amplia aplicabilidad como semiconductor.

**Mercurio**, pese a su toxicidad hacia cualquier ser vivo, es útil para para la construcción de sistemas de iluminación eficientes, en estado gaseoso.

**Cobre**, Conductor mundialmente aplicado, para las instalaciones eléctricas interiores junto con la elaboración de placas electrónicas, que sustentan la diversidad de circuitos electrónicos.

**Aluminio**, si bien es un buen conductor eléctrico, tiene la gran ventaja de ser fácilmente aplicable, como discipador de calor en semiconductores.

**Arsénico**, es uno de los elementos con los cuales se hace la construcción de LED, actual sistema moderno base para la elaboración de pantallas de equipos como Laptops, Celulares, Tablet, etc. Es altamente mortal su consumo para la vida.

**Galio**, Se adhiere con el Arsénico, y es útil para para la construcción de LED y otros semiconductores de bajo consumo.

La imagen siguiente Ejemplifica la aplicabilidad de éstos elementos químicos.

**Figura:** Placa Madre, utilizando, Cobre, Aluminio, Siliciio y otros elementos. [7]

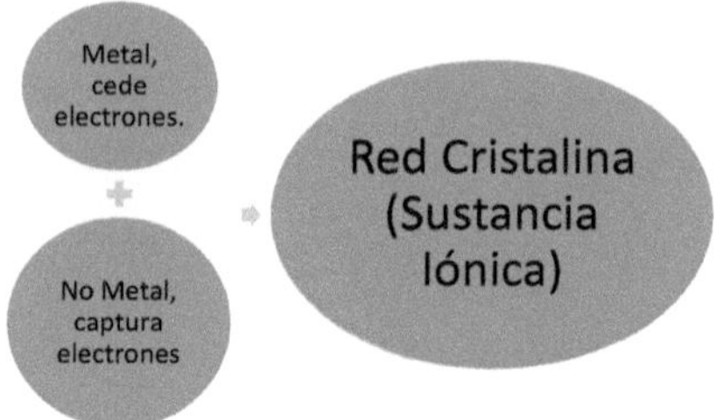


## 2.2 Enlaces Químicos.

La palabra enlace, es un término de mucha multidisciplinaridad. Desde el punto de vista de las comunicaciones, implica que equipos, se encuentran comunicados entre si, sincronizados y totalmente comunicados. Sin embargo, para el caso de la disciplina química, un enlace químico, se asocia a la fuerza responsable de la unión estable entre los iones, átomos o moléculas que forman las sustancias.

Los Enlaces conocidos son los siguientes:

**Enlace iónico:** Sucede entre elementos con afinidad electrónica muy diversa. Por Ejemplo el cloro y el sodio.

Algunas sustancias de ejemplo, que se caracterizan por ser conformadas por enlaces iónicos son:

- Óxido de magnesio
- Sulfato de cobre
- Ioduro de potasio
- Hidróxido de zinc
- Cloruro de sodio
- Nitrato de plata
- Fluoruro de litio
- Cloruro de magnesio
- Hidróxido de potasio
- Nitrato de calcio
- Fosfato de calcio

[8]

**Enlace Covalente:** Un enlace covalente, es una constitución de componentes, que se caracteriza por el hecho que un átomo comparte electrones con otro átomo en sus extremos. Ésta propiedad del enlace covalente, es muy relevante para la funcionalidad de los semiconductores. Los enlaces covalentes, se originan entre átomos de un mismo elemento o entre no metales.

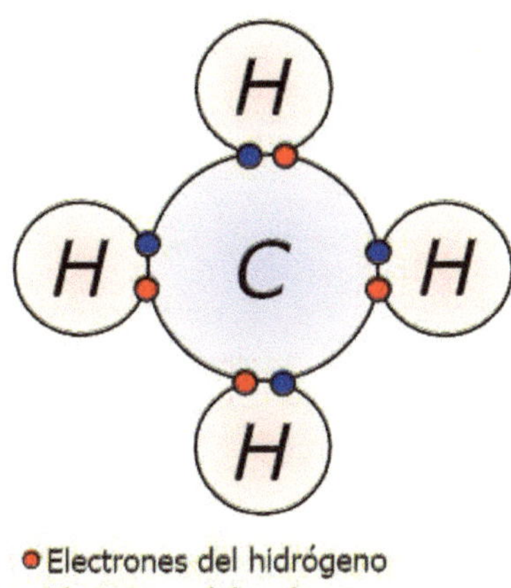


**Imagen: Ejemplo de un enlace covalente.** [9]

Algunos ejemplos de enlace covalente son:

- Flúor
- Bromo
- Iodo
- Cloro
- Oxígeno
- Agua
- Dióxido de carbono
- Amoníaco
- Metano
- Propano

[8]

**Enlace Metálico:** éste tipo de enlaces, suelen presentarse entre elementos metálicos, ya que poseen, en su capa más externa, electrones capaces de ser compartidos. Lo relevante de éste tipo de enlace, es el hecho que los átomos de un metal, ceden sus electrones y se transforman en iones positivos que forman una red cristalina de diferentes características. Los electrones cedidos pasan a formar una nube electrónica alrededor de los iones y pueden desplazarse a lo largo de la estructura cuando reciben un estímulo externo. La siguiente imagen representa un ejemplo de Enlace Metálico

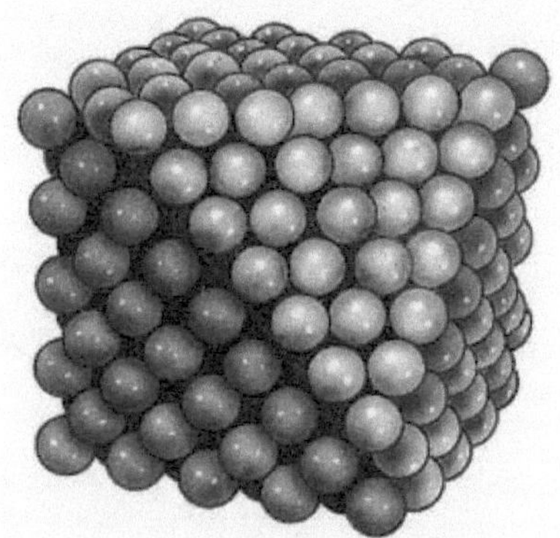

Figura: Enlace Metálico [10]

Algunos ejemplos de enlaces metálicos son:

- Plata
- Oro
- Cadmio
- Hierro
- Níquel
- Zinc
- Cobre
- Platino
- Aluminio
- Galio
- Titanio
- Paladio
- Plomo
- Iridio
- Cobalto

[11]

## 2.3 Estructura de los Materiales.

Los diversos materiales utilizados a nivel tecnológico, es posible caracterizarlos cuando ellos se encuentran asociados a una serie de variables, asociadas a su estado. Dichas variables pueden cambiar, pero en ciertas condiciones de repetir su estado inicial, podemos hablar que el estado se repite. Es decir, cada vez que cambia cualquier variable de un cuerpo, por ejemplo su temperatura o volumen, será posible afirmar que ha experimentado un cambio de estado. Sin embargo, existe otro cambio mas profundo, que ocurre en los materiales, llamado cambio de fase. Al producirse un cambio de fase, se modificarán las cualidades del cuerpo, a diferencia del caso anterior, (cambio de estado), en que sólo se modificarán las cantidades solamente. Las fases existente en nuestro planeta, de manera natural, corresponde a la fase sólida, líquida y gaseosa. Cabe destacar que los cambios de fase ocurren básicamente por la temperatura y presión a la cual es sometido un material o sustancia.

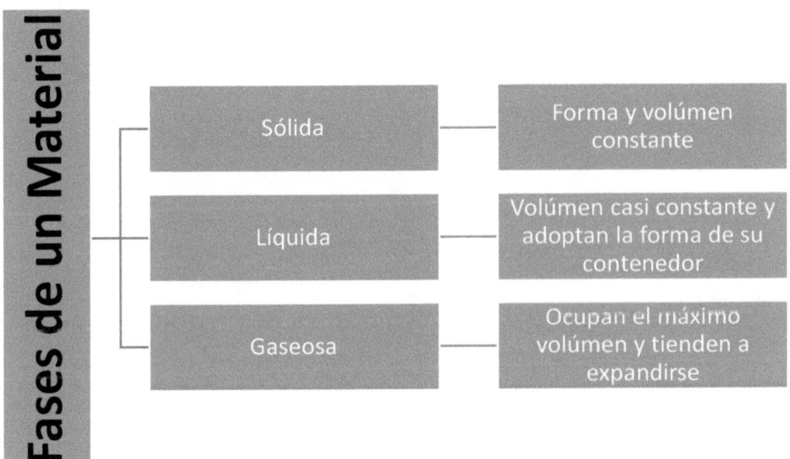


**Diagrama** de Síntesis de Fases de un material.

De ello, es posible afirmar que los líquidos y los gases, no presentan ninguna estructura interna, ya que sus partículas que lo componen, no es posible caracterizarlas en la forma en cómo se ordenan ya que se encuentran en constante movimiento.

Sin embargo, los sólidos, es posible encontrarlos en otra subclasificación, que es relevante destacar, pudiendo ser amorfos o en una estructura cristalina.

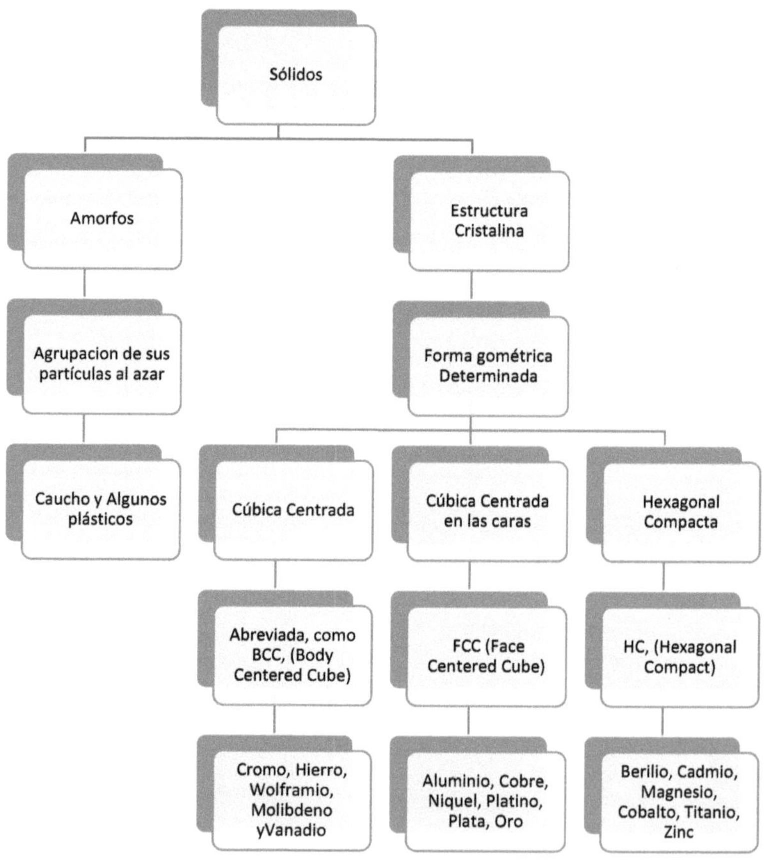

### 3. Materiales típicos de aplicabilidad en la electrónica.

#### 3.1 Materiales Conductores Eléctricos.

Desde el punto de vista de la física, referenciaremos a los materiales conductores eléctricos, a todos aquellos que son capaces de permitir una circulación de electrones, pertenecientes a un circuito eléctrico. Según su estructura, podríamos generalizar que aquellos que tienen la característica de metales, permiten llevar a cabo una buena conducción eléctrica.

Un material conductor, está condicionado por la cantidad de electrones presentes en su capa de valencia, correspondiente a la última capa que lo constituye. En el caso de los conductores, ellos se pueden identificar porque cuentan con 1 a 3 electrones débilmente ligados o libres en su última capa. Cuando los metales están cercanos, e impulsados por una diferencia de potencial, se produce la circulación de corriente eléctrica, gracias que éstos mismos se desprenden de un átomo a otro. Cobre, Oro, Plata son metales típicos utilizados para la conducción eléctrica. Sin embargo, otros no metálicos como el Grafito, también se caracterizan por serlo.

Uno de los conductores eléctricos más utilizados en la electrónica, es el cobre, como materia prima para la construcción de placas electrónicas y conductor de señales eléctricas en el caso de los cableados.

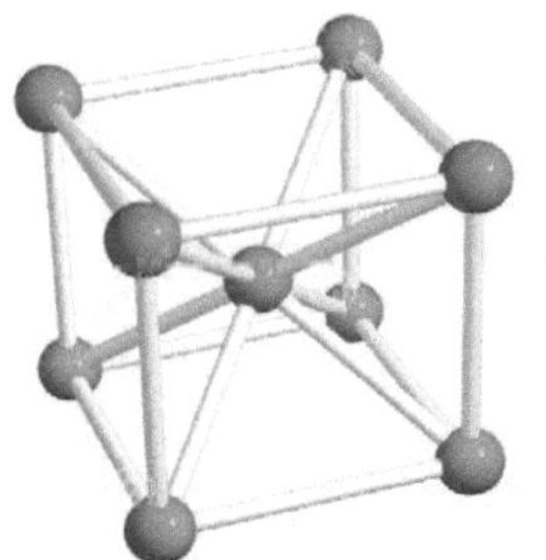


**Figura: Modelo Tridimensional, del Cobre.** [12]

Se caracteriza por tener en total 29 electrones, presenta un color rojizo y se funde a los 1.083 °C.

La siguiente Tabla, tomada de la obra formadora de R. Serway, Física para Estudiantes de Ciencias e Ingeniería, denota, la caracterización eléctrica de algunos materiales típicos clasificados por su valor de resistividad y relación con la temperatura.

| Material | Resistividad[a] ($\Omega\cdot$m) | Coeficiente de temperatura[b] $\alpha[(°C)^{-1}]$ |
|---|---|---|
| Plata | $1.59 \times 10^{-8}$ | $3.8 \times 10^{-3}$ |
| Cobre | $1.7 \times 10^{-8}$ | $3.9 \times 10^{-3}$ |
| Oro | $2.44 \times 10^{-8}$ | $3.4 \times 10^{-3}$ |
| Aluminio | $2.82 \times 10^{-8}$ | $3.9 \times 10^{-3}$ |
| Tungsteno | $5.6 \times 10^{-8}$ | $4.5 \times 10^{-3}$ |
| Hierro | $10 \times 10^{-8}$ | $5.0 \times 10^{-3}$ |
| Platino | $11 \times 10^{-8}$ | $3.92 \times 10^{-3}$ |
| Plomo | $22 \times 10^{-8}$ | $3.9 \times 10^{-3}$ |
| Aleación nicromo[c] | $1.50 \times 10^{-6}$ | $0.4 \times 10^{-3}$ |
| Carbono | $3.5 \times 10^{-5}$ | $-0.5 \times 10^{-3}$ |
| Germanio | 0.46 | $-48 \times 10^{-3}$ |
| Silicio | $2.3 \times 10^{3}$ | $-75 \times 10^{-3}$ |
| Vidrio | $10^{10}$ a $10^{14}$ | |
| Hule vulcanizado | $\sim 10^{13}$ | |
| Azufre | $10^{15}$ | |
| Cuarzo (fundido) | $75 \times 10^{16}$ | |

[a] Todos los valores están a 20°C. Los elementos de la tabla se consideran libres de impurezas.
[b] Vea la sección 27.4.
[c] Aleación de níquel y cromo usada comunmente en elementos calefactores.
[d] La resistividad del silicio es muy sensible a la pureza. El valor puede cambiar en varios órdenes de magnitud cuando es dopado con otros átomos.

**Figura:** Tabla característica de los materiales típicos utilizados para alguna aplicabilidad eléctrica. [13]

Tomando la tabla anterior, es relevante mencionar, que dichos valores existentes como tal, tienen un comportamiento asociado a su temperatura y otras variables de estado. Por lo tanto, su uso se condiciona a través de la aplicabilidad que se le dé. Dicha temática será tratada más adelante.

### 3.2 Materiales aislantes eléctricos.

La condición de aislación de un material, es un concepto ajustado a ciertos parámetros que lo hacen cumplir en relación a una diferencia de potencial eléctrica. No existe ningún tipo de material totalmente aislante, sin embargo, gracias al conocimiento descrito anteriormente, asociado a su estructura molecular, es posible aseverar que aquellos que posean 5 o más electrones de valencia en su última capa, tendrán la condición de ser aislantes eléctricos. Estos materiales, no ceden electrones, por consecuencia esa es la causa por la cual no conducen la corriente eléctrica.

Algunos ejemplos de éstos materiales, son el plástico, el vidrio, el caucho, entre otros. Para que en ellos aumente su condición de aislamiento eléctrico, es necesario aumentar su sección o distancia entre el conductor que aísla y el punto de contacto que requiere no tener electrificación peligrosa. *Por ejemplo, a una frecuencia de 60 Hz, la resistencia de ruptura de líquidos aislantes plásticos, es mayor que la de los gases y para 1 cm de separación de los electrodos de prueba es del orden de 100 (KV), por cada 1 (cm).* [14]

La siguiente imagen, representa un problema característico con el que deben lidiar los instaladores de sistemas eléctricos de potencia, en la etapa de transmisión:

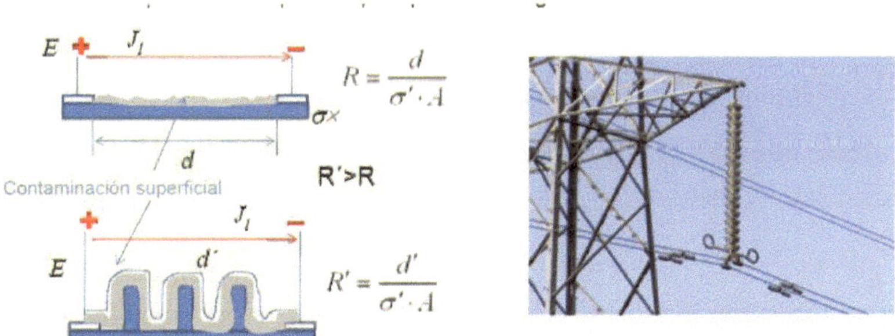


**Figura:** Pérdida de aislación, en el sistema aislante eléctrico entre el conductor de Alta tensión y la estructura metálica que lo soporta. Se indica además la variación de aislación en decadencia, al sufrir contaminación entre espacios de los discos de separación. [15]

Los materiales aislantes, sufren un envejecimiento, asociado a diversos factores y dependiendo de la disciplina de aplicabilidad en donde estemos insertos, es necesario ajustar la variable sensible que lo acentuará. El siguiente diagrama, muestra aquellos factores, de aquí en adelante también llamado estrés:

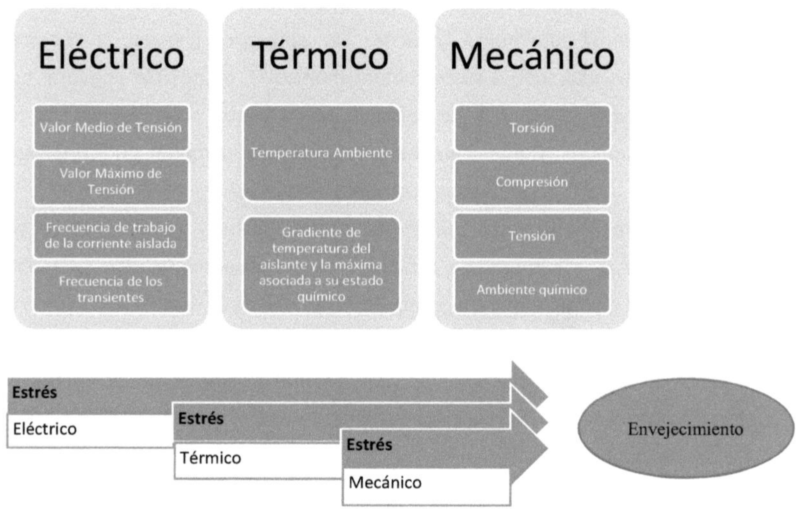


**Figura: Causas diversas asociadas al estrés en los materiales.**

Para el caso de cada una de las situaciones de estrés convergentes en envejecimiento de los materiales, se puede destacar las siguientes condiciones:

Tomando como base el aislar la energía eléctrica de manera segura para el ser humano, es imposible no mencionar un material muy destacado y contemporáneo para ello, que revolucionó en gran parte el tamaño de los primeros equipos eléctricos convencionales, correspondiendo al Plástico, dicho material es un derivado del petróleo, y es muy versátil su aplicación, pero muy dañino al medio ambiente actual, al punto que muchos países, incluyendo Chile, a la fecha han iniciado campañas de reducción de su uso, eliminado la entrega de bolsas de plástico en supermercados.

La siguiente imagen, muestra la estructura correspondiente al Poletileno, y se ejemplifica su aplicabilidad en algunos productos típicos de nuestro entorno.

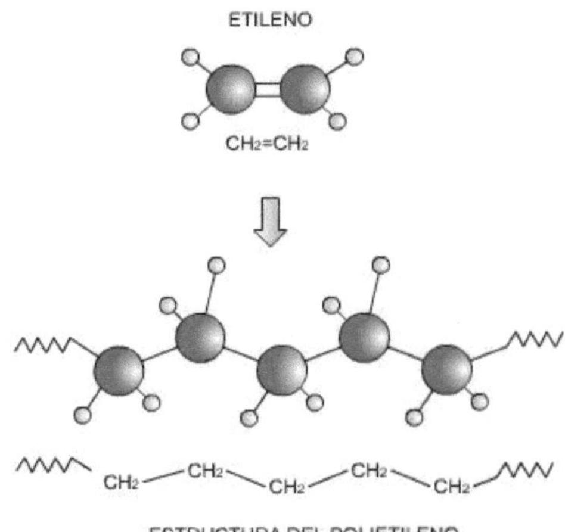


**Figura:** Estructura explicativa del proceso de constitución del plástico. [16]

Los plásticos, presentan la siguiente clasificación, de acuerdo a su comportamiento y aplicabilidad:

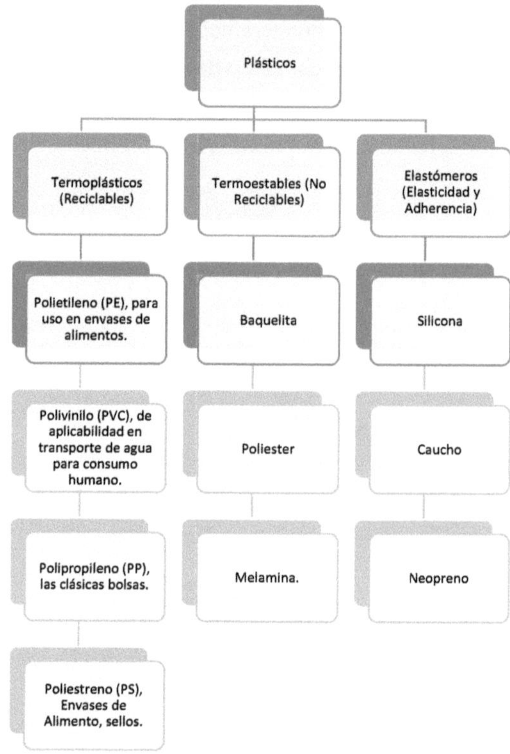

Algunos Ejemplos de Aplicaciones diversas de los plásticos son:

Poliestireno

Caucho

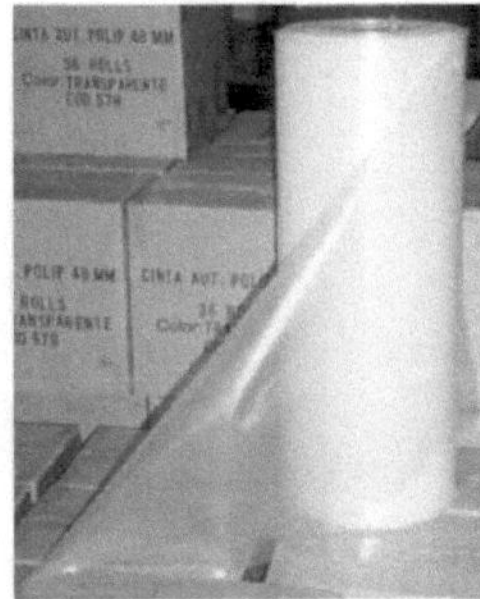

Polietileno

Polipropileno

**Figura: Casos de aplicabilidad de los plásticos.** [8]

### 3.3 Materiales Semiconductores

Los materiales Semiconductores, se caracterizan por tener 4 electrones de valencia. Éstos se pueden convertir en aislantes o conductores, de ahí el nombre y para ello se procede a una técnica llamada Doping o Dopado, en el cual se adhiere otro material extraño a su constitución inicial, que ayuda a ésta condición. En electrónica, que es el norte de éste escrito, son destacados entre los materiales típicos, el Silicio y el Germanio, ambos fáciles de encontrar en la naturaleza. La figura siguiente, presenta como ejemplo, el Silicio, el cual es uno de los materiales mas abundantes en el planeta, se encuentra con mucha facilidad en la arena, que bordea las costas, pero se clasifica como cualquier proceso minero, por su pureza en como se logra encontrar para luego ser procesado.

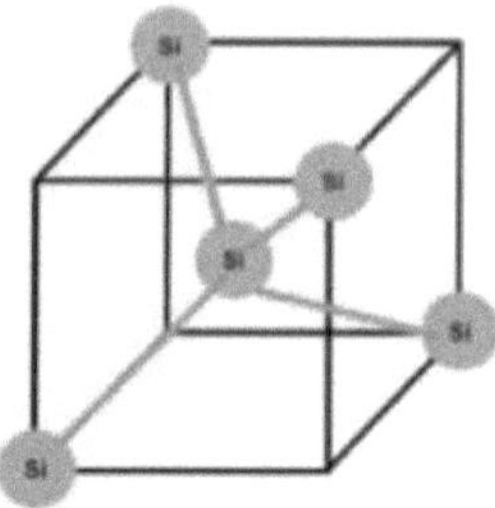

**Figura** Imagen de estructura de un Semiconductor de Silicio. La línea que une cada átomo, modela el compartir de un electrón entre átomos, lo que sustenta el concepto de enlace covalente.

Algunas formas de cómo es posible encontrar éstos materiales semiconductores son las siguientes:

| . [17] | . [17] | . [17] |
|---|---|---|
| Silicio | Germanio | Galio |
| Desde la Mirada Química, es un Metaloide. Su número atómico, Z=14, Si. Es el mas abundante en la corteza terrestre. | Su número atómico es 32, su símbolo es Ge. Generalmente es posible encontrarlo asociado a los lugares donde yace la plata, cobre y zinc. . | Su número atómico es 31, su símbolo Ga, es posible encontrarlo, en cantidades bajas en lugares donde yace el zinc, pirita y magnetita. Su origen data de Francia. . |

**3.4 Materiales superconductores o la técnica de la superconducción.**

Desde hace mucho tiempo se sabe que la resistencia de un conductor crece al aumentar la temperatura, pero para explicar este fenómeno debemos ocuparnos de la forma de energía aplicada o relacionada al fenómeno. Puntualmente el Calor, magnitud física transversal, que se sustenta en la Termodinámica, que cuantifica el trabajo asociado a desplazamiento de partícula, siendo de esta manera es comprender los ciclos entre ceder y absorber Calor. Si hacemos una mirada de la definición de Calor, es posible definirlo como el movimiento de las moléculas o de los átomos. Cuanto más calor aplicado tenga un material, tanto más intenso es el movimiento de las moléculas, es decir, más enérgicamente vibran alrededor de sus puestos en la red del cristal.

Con ello aumenta la posibilidad de un choque de los electrones cuasilibres con los núcleos atómicos. Por lo tanto, al aumentar la oposición a la circulación de los electrones aumenta su Resistencia Eléctrica.

Si pudiésemos ver el interior de un material, es posible asociar la siguiente analogía:

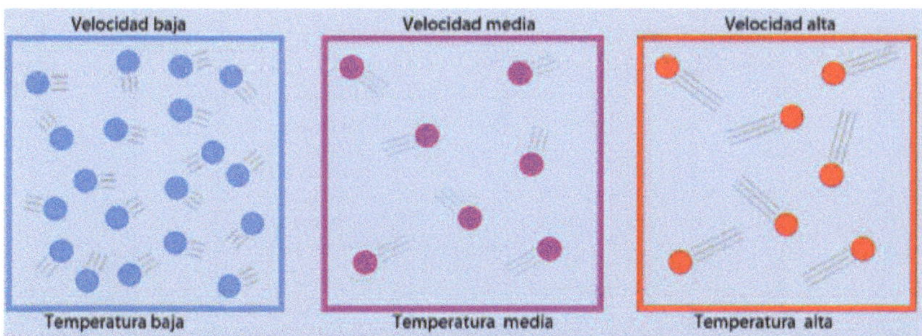


**Figura**, Ejemplo demostrativo análogo. Si aumentamos la temperatura de un material, (que es lo que implica aplicarle o cederle calor a partir de una fuente determinada), sus partículas interiores chocan y se agitan entre sí. [18]

El calentamiento debido a la corriente que circula en un conductor se denomina calentamiento propio, mientras que el calentamiento producido por una influencia externa se llama calentamiento indirecto. Bajo éste principio, James Prescott Joule, estudió la relación entre la corriente eléctrica que circula por un conductor y la variación de temperatura que éste mismo experimenta, llegando a concluir, que "a mayor Intensidad de corriente que circule por un material, mayor será su temperatura". Sin embargo, el fenómeno se contrasta, al estudiarlo en un semiconductor, apareciendo el efecto Peltier-Seebeck, al cual es posible justificar, que ahora con un mismo material, al aplicarle corriente eléctrica, es posible hacerle ceder calor y producir enfriamiento y calentamiento en dos contextos diferentes.

La relación entre resistencia y temperatura, es que *a gran variación de la resistencia se tendrá una gran variación de la temperatura*, es decir son directamente proporcional.

La variación de la resistencia con la temperatura se representa con el símbolo **ΔR** y su unidad de medida es el ohmio (Ω). La variación de la temperatura se representa con el símbolo **ΔT** su unidad de medida puede ser el Kelvin (K) o Celsius (°C), dependiendo de la literatura utilizada para su comprensión. Para efectos de éste escrito, no serán referenciados modelos matemáticos, debido a que solo persigue hacer un recorrido temático por los efectos condicionados a tratar.

La siguiente Tabla, muestra un ejemplo de coeficientes de temperatura, existentes en algunos materiales típicos.

| | Coeficiente de temperatura para la resistividad, * α, por C° |
|---|---|
| Aluminio | $3.9 \times 10^{-3}$ |
| Cobre | $3.9 \times 10^{-3}$ |
| Carbono (amorfo) | $-5 \times 10^{-4}$ |
| Hierro | $5.0 \times 10^{-3}$ |
| Manganina | $1 \times 10^{-5}$ |
| Níquel | $6 \times 10^{-3}$ |
| Plata | $3.8 \times 10^{-3}$ |
| Acero | $3 \times 10^{-3}$ |
| Wolframio (tungsteno) | $4.5 \times 10^{-3}$ |

Tabla, coeficientes de Temperatura, [19]

Hasta ahora, solo se ha referenciado la relación entre "conducir o no, a medida que cambiamos la temperatura de un material". Si observamos los requerimientos tecnológicos contemporáneos, notaremos que es vital hoy en día ofrecer un consumo energético eficiente, línea de acción que va de la mano directamente, con la definición de electrónica, que busca hacer un uso racional e inteligente de la Energía Eléctrica. Si lográsemos disminuir o hacer llegar a cero la resistencia de un conductor eléctrico, podremos asegurar, que su potencia disipada será 0 (W). A la fecha no existe ningún material capaz de conseguir dicha idealidad, pero si existen estudios que garantizan, que al conformarse, entre si, logran la cercanía de ello. La temperatura que caracteriza éste comportamiento en cada material, se denomina Temperatura Crítica.

R. Serway en su obra de enseñanza de la Física, referencia, los siguientes materiales a modo de ejemplo

**Teperaturas críticas de varios superconductores**

| Material | $T_c$(K) |
|---|---|
| $HgBa_2Ca_2Cu_3O_8$ | 134 |
| Tl–Ba–Ca–Cu–O | 125 |
| Bi–Sr–Ca–Cu–O | 105 |
| $YBa_2Cu_3O_7$ | 92 |
| $Nb_3Ge$ | 23.2 |
| $Nb_3Sn$ | 18.05 |
| Nb | 9.46 |
| Pb | 7.18 |
| Hg | 4.15 |
| Sn | 3.72 |
| Al | 1.19 |
| Zn | 0.88 |

Tabla, de temperaturas críticas, para un superconductor. [13]

### 3.5 Materiales Cerámicos.

Como historia de la Humanidad, existen registros milenarios de la creación de materiales cerámicos. De hecho, es una de las causas donde aflora la idea inicial de los 4 elementos base de la tierra para la composición de cualquier sustancia, heredada de los Griegos. Las cerámicas, tienen dos características muy relevantes, la primera es su gran capacidad de actuar como aislante y en segundo lugar, es químicamente inerte.

Sin embargo, la aplicabilidad de ella no se cierra solo a ello, ya que conociendo su estructura final, y aplicando principios químicos, surgen inquietudes de que otros ámbitos aplicables darle. Es un material ecológico desde el punto de vista de su composición y preparación, pero para su cocción, es necesario aplicarle una gran cantidad de energía. Elizabeth Green, Física experimental del Helmholtz de Dresde, en Alemania, estudia con detalle el comportamiento de cerámicas en presencia de campos magnéticos y variaciones abruptas de temperatura. La meta en éstas investigaciones es buscar un superconductor, que ofrezca la posibilidad de hacer una transmisión eléctrica sin pérdidas.

Los cerámicos se encuentran compuestos por materiales metálicos y no metálicos vinculados químicamente. Una estructura típica, corresponde al uso de estructuras amorfas y cristalinas. Los materiales cerámicos tienen dos clasificaciones asociadas a su cristalización, siendo los cerámicos y los cristalinos. Paradójicamente ambos contienen lo mismo, lo único que cambia al conformar su estructura, corresponde a variar los tiempos de enfriamiento, lo cual condiciona el ordenamiento de su estructura molecular.

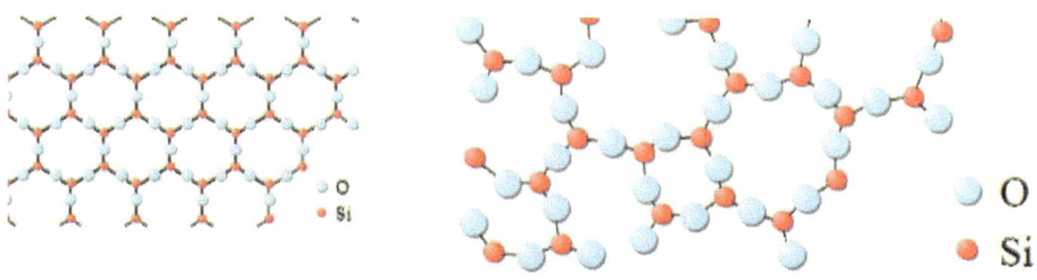


**Figura:** ejemplo alusivo al cuarzo y vidrio. En ellos se denota el ordenamiento de partículas, de lo cual se denota que químicamente se componen de Oxigeno y Silicio, pero su control de enfriamiento, condicionó su ordenamiento molecular. [20]

### 3.6 Materiales para la disipación Térmica.

Una de las principales características de la electrónica y los semiconductores, se relaciona con la forma de discipular el calor. De hecho es la principal causa de envejecimiento de los semiconductores y causa principal que los termina destruyendo. Recordemos que éstos no son reparables, ya que su construcción lo imposibilita debido a la gran escala de integración con que fueron construidos y reemplazar etapas manualmente de partes deterioradas se hace inviable. La siguiente imagen expone los efectos de un microprocesador AMD, que fue destruido por completo luego de experimentar una falla la unidad de refrigeración de una PC de escritorio.

**Figura: Microprocesador destruido por exceso de temperatura.** [21]

Los materiales mas utilizados en la arquitectura constructiva de los sistemas electrónicos para disipar calor, son el aluminio y el cobre, junto con la integración de microsistemas de compresión mecánico, que permite hacer la labor de transportar el calor para conseguir la refrigeración.

En electrónica de potencia, como técnica, el problema se acentúa aun mas, ya que a medida que se aumentan las tensiones de trabajo en los sistemas, mayor es la temperatura y dicha variable, puede hacer perder aislación en el material. El siguiente gráfico, cortesía de Electronics Cooling, empresa dedicada al diseño e investigación de sistemas de refrigeración para la electrónica, expone la relación entre Voltajes aplicados y temperaturas críticas que toleran en general los semiconductores de potencia.

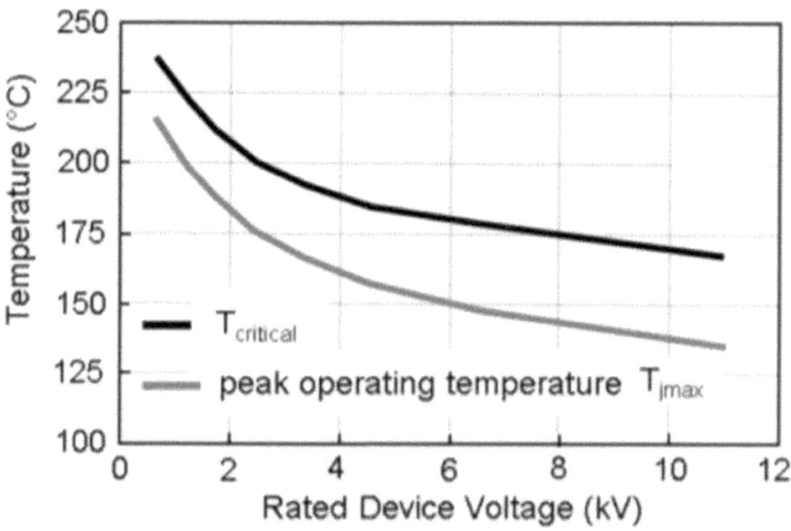


Figure 1. Critical thermal runaway temperature and esti-mated maximum safe operating temperature of Silicon devices [2]

**Figura:** Relación entre Temperatura de trabajo y tensiones en un semiconductor de potencia. [22]

A modo de ejemplificar la relevancia de la refrigeración en electrónica, la imagen siguiente muestra como un dispositivo semiconductor, capaz de controlar tensiones de 15.500 (V) y una corriente de 600 (A), dura por casi 15 años, gracias a la inserción de un disipador correcto.

**Figura:** IGBT de potencia y su disipador de calor.

### 3.7 Materiales Magnéticos

Una de las fuerzas naturales que tiene estrecha relación con la electricidad es el magnetismo; conocido como la propiedad que tienen ciertas sustancias de atraer al fierro y al acero.

La diferencia fundamental entre el fierro y el acero en cuanto a propiedades magnéticas, está en que el fierro se transforma en imán bajo la acción de otro imán, pero pierde estas propiedades si se aleja de la acción del campo magnético del imán que lo imantó. El acero en cambio, se transforma en imán y conserva indefinidamente sus propiedades, aunque se aleje del imán que lo imantó. Por esto se dice que es un imán permanente.

Los cuerpos que poseen estas propiedades de atraer al fierro y al acero se llaman imanes. Los imanes se pueden dividir en dos grupos los naturales y los artificiales:

•**Imanes naturales:** Son los materiales que se encuentran en estado natural en forma de óxido de fierro ($Fe_3O_4$) , conocido como magnetita, pirita o piedra imán.

•**Imanes artificiales:** Estos se fabrican de acero al carbono, con porcentajes de cromo, tungsteno, cobalto, aluminio, níquel y cobre.

Las regiones de un imán, en que el magnetismo se hace sentir con mayor intensidad se les llama Polos. Por lo tanto, un cuerpo magnetizado tendrá un polo Norte y uno Sur. Entre los polos Norte y Sur aparece lo que se llama plano neutro.

Para la determinación de polaridades magnéticas y de orientación geográfica, es de gran ayuda la brújula. En sí, es un pequeño imán permanente artificial equilibrado cuidadosamente y con el mínimo rozamiento de modo que pueda girar libremente sobre una punta afilada. La punta que se dirige al Norte geográfico (que equivale al Sur magnético de la tierra) corresponde al polo Norte magnético de la brújula y la otra punta corresponderá al polo Sur. Con la ayuda de una brújula se puede conocer fácilmente la polaridad de un imán.

Los Materiales magnéticos se clasifican de acuerdo a sus condiciones de interacción con su entorno magnetizable. El diagrama siguiente resume su tipo.

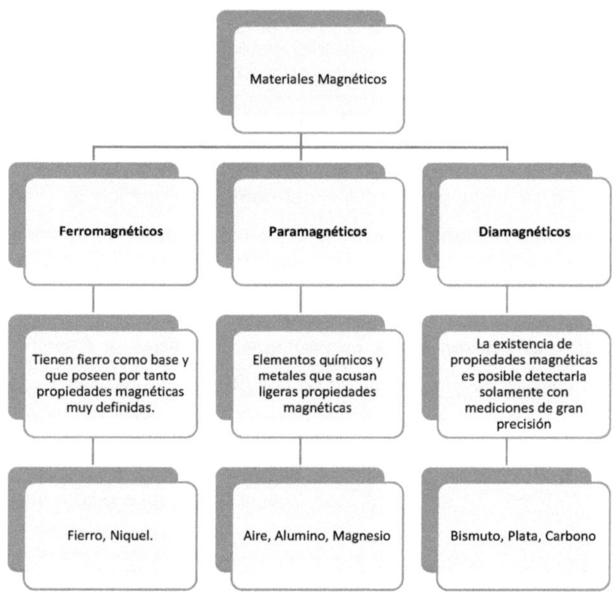


Un dato relevante de los materiales Ferromagnéticos, corresponde al punto de Curie, que es un valor de temperatura que al ser alcanzado en un material, hará que pierda sus propiedades magnéticas. La tabla siguiente, presenta un ejemplo de los valores típicos y su respectivo valor.

| | |
|---|---|
| Hierro | 770 |
| Cobalto | 1120 |
| Níquel | 358 |
| Gadolinio | 17 |
| Sulfuro de Europio (EuS) | -256 |

**Tabla: Valores de punto de Curie, expresado en (°C).** [23]

## 4. La oxidación v/s la corrosión.

Al igual que los seres humanos, pese a que sea de nuestra propia determinación o no, estamos obligados a tener un contacto directo o enlace con algún medio. Inicialmente de manera generalizada, es posible afirmar que el aire atmosférico, es una mezcla de Nitrógeno, Oxígeno y Argón, Siendo más abundantes el Nitrógeno en un 78% y el Oxígeno en un 21%, y el resto es Argón más otros gases nobles. Debido a la composición de éstos, en términos prácticos, y su interacción con los diversos materiales que utilizamos en nuestra área, se puede aseverar que dependiendo del ambiente donde situemos un material, aparecerán los siguientes fenómenos:

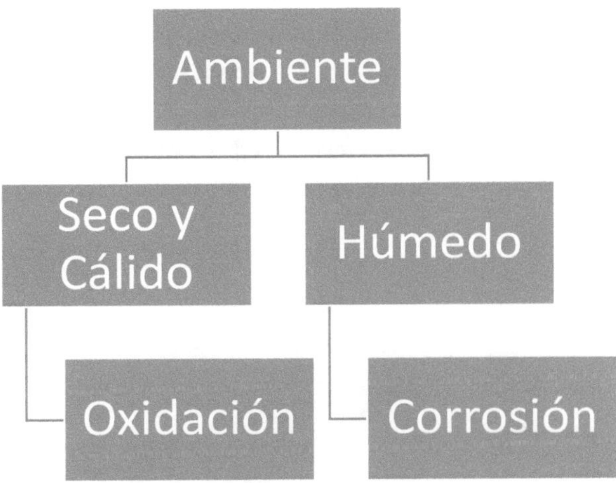


Si definimos ahora los fenómenos asociados en cada uno de ellos, podremos denotar que:

La Oxidación, corresponde al ceder electrones al elemento oxidante. El más típico de los oxidantes es el oxígeno, $O_2$ , la oxidación es ocasionada por el entorno donde situemos el material, por lo tanto la existencia de Cloro, cercano a una piscina por ejemplo, Azufre, cercano a viñas o zonas geográficas con registros de actividad volcánica, implicará tomar los resguardos para su protección. La oxidación se relaciona con la temperatura ambiente, de hecho una capa de óxido de manera leve, sirve como protección del material. Sin embargo, elevar la temperatura, puede ayudarnos a romper la capa del óxido, ayudando a que se difumine el oxigeno, produciendo la oxidación al interior del metal.

La Corrosión, se relaciona directamente por la interacción entre aire y humedad. La corrosión es un proceso electroquímico y es posible aseverarlo de ésta manera ya que en la capa del material, se producen pequeñas pilas que lo terminan deteriorando y su velocidad depende directamente del nivel de Humedad con que se encuentre expuesto el material. La siguiente imagen, tomada directamente de un Centro comercial de la ciudad de Dallas FW, E.E.A.A., muestra la existencia de un electrodo que actúa como pararrayos, el cual presenta una capa superficial de óxido, pero a la vez, cada año debe ser verificado su nivel de corrosión debido a la acentuada humedad ambiental, que caracteriza el lugar, llegando a ser en oportunidades de un 75%, con 38°C, de temperatura ambiente. Cabe recalcar, que el agua presente en esta humedad, corresponde al electrolito que permite que las pequeñas baterías interactúen entre sí.

**Fotografía:** Pararrayos con conexión equipotencial, instalado en Lakewood, Shopping Center Dallas TX. [24]

Para el caso de los plásticos, que corresponden a polímeros, dependiendo de la interacción química que tengan, también aparece un fenómeno de envejecimiento, llamado Degradación, la cual ocasiona que pierda sus propiedades de resistencia mecánica.

## 5. Propiedades Tecnológicas

Estas propiedades indican el comportamiento del material al trabajarlo.

**5.1 Colabilidad:** Se denominan colables los materiales que funden y pueden colarse en moldes a temperaturas rentables, p. ej. plomo, estaño y aleaciones de cobre.

**5.2 Maleabilidad:** Son maleables los materiales sólidos que, por la acción de fuerzas, admiten una variación plástica de la forma, conservando su cohesión, p. ej. el prensado, el plegado.

**5.3 Mecanizabilidad:** Se dice que son mecanizables por corte o arranque de virutas, aquellos materiales en los que, aplicando fuerzas tecnológicamente razonables, puede romperse la cohesión de las partículas.

**5.4 Soldabilidad:** Soldables son los materiales en los que, por unión de las substancias respectivas puede conseguirse una cohesión local.

**5.5 La templabilidad:** indica que la dureza del material puede modificarse por transposición de partículas.

## 6. Propiedades Mecánicas

Las propiedades mecánicas de un material describen su comportamiento bajo la acción de fuerzas externas.

**6.1 Elasticidad:** Un material se deforma elásticamente cuando es sometido a la acción de fuerzas externas, y vuelve a su forma primitiva al dejar de actuar aquellas.

**6.2 Plasticidad:** Un material se deforma plásticamente cuando experimenta un cambio permanente de forma debido a la acción de fuerzas externas.

**6.3 Dureza**: Es la resistencia que opone un cuerpo a la penetración de otro cuerpo duro. En los materiales duros no se pueden marcar fácilmente huellas ni rayas (conformar o cortar). Los filos de las herramientas de corte, p. ej. Cincel, sierra y broca, deben ser más duros que el material a trabajar. La dureza evita que las superficies que se tocan entre si se desgasten rápidamente. Materiales duros son: el acero templado, las fundiciones duras y el diamante que es el más duro de todos.

**6.4 Fragilidad:** Un material es frágil si se rompe sin deformación permanente notable, p. ej. el vidrio y la fundición gris. La fragilidad es una propiedad que se asocia a la dureza, los materiales duros habitualmente tienden a ser frágiles.

**6.5 Rigidez:** Es la propiedad que presentan los materiales cuando son resistentes a admitir cualquier tipo de deformaciones, se asocia con la dureza. Materiales rígidos son: la fundición grís y las cerámicas.

**6.6 Tenacidad:** Esta propiedad consiste en la capacidad que poseen los materiales para soportar, especialmente, esfuerzos de tracción sin romperse. Un material eminentemente tenaz es el acero, debido a ello es el principal elemento empleado en la construcción de máquinas y estructuras.

**6.7 Resistencia Mecánica:** Es la propiedad del material mediante la cual se caracteriza su oposición al cambio de forma y a la separación. La capacidad para resistirse a las fuerzas externas que pueden presentarse como carga, y que son: tracción, compresión, flexión, cizalladura y torsión, suele incluirse el pandeo, que es una solicitación derivada de la compresión que presenta características particulares.

### 6.7.1 Esfuerzos o solicitaciones mecánicas más comunes:

**a) Tracción:** Es un esfuerzo normal o perpendicular a la sección transversal del cuerpo, que tiende a alargar las fibras. Se presenta en cables, cadenas, tornillos ,etc.

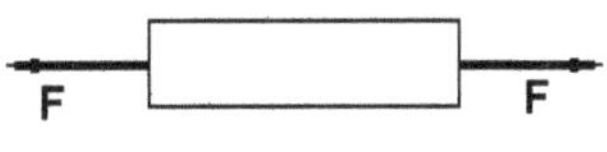


**b) Compresión:** Es el esfuerzo en el cual las cargas se oponen y tienden a acortar las fibras de la pieza.

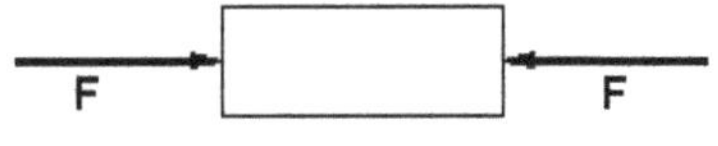


**c) Cizalladura o cortadura:** Es el esfuerzo que se produce en una pieza cuando sobre ella actúan fuerzas contrarias, situadas en dos planos paralelos contiguos, que tienden a hacer desliza entre si las secciones en las que actúan.

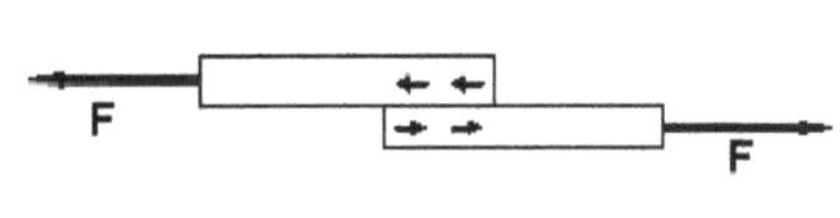


**d) Flexión:** En este caso la fuerza actúa sobre el cuerpo en forma transversal a su longitud por lo cual tiende a doblarlo, alargándose unas fibras y acortándose otras. Este esfuerzo es propio de puentes, vigas, ejes, etc.

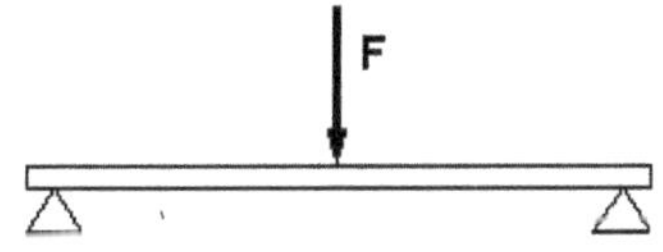

**e) Torsión:** Se Presenta cuando las fuerzas o causas externas tienden a retorcer las piezas.

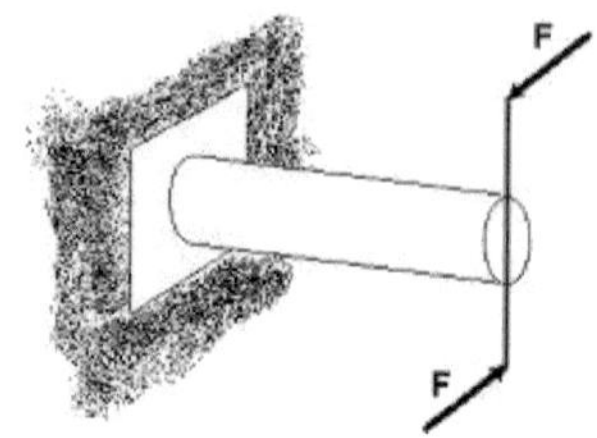

## 7. Propriedadeds químicas

Dentro de todas las propiedades químicas de los materiales de uso industrial, las que se buscan con mayor interés son: la resistencia a la oxidación y la resistencia a la corrosión.

**7.1 Resistencia a la Oxidación:** Esta propiedad es la que poseen los materiales que se resisten a deteriorarse al formar combinaciones con el oxígeno. Interesa sobremanera que los materiales expuestos al aire y la humedad posean esta propiedad, especialmente cuando forman partes de máquinas y estructuras. Dentro de los materiales de gran resistencia están los metales nobles (oro, plata y platino), existiendo otros como el cromo, el cinc, el níquel, el aluminio y el cobre. Los plásticos y las cerámicas, debido a su configuración molecular no se combinan con el oxígeno, por lo cual no son oxidables.

**7.2 Resistencia a la Corrosión:** Esta propiedad es la que poseen los materiales que se resisten a la acción de ácidos y sales. Los metales nobles, las cerámicas y los plásticos poseen esta propiedad en gran medida. El cinc y el cobre se han utilizado como recubrimiento especialmente para resistir la acción de las sales marinas.

## CONCLUSIONES

La propuesta desarrollada, permitió hacer un recorrido de aplicación conceptual, que implicó hacer una revisión literaria de diversos autores, como también, recoger la mirada práctica de los fenómenos asociados a tipos de materiales. Inicialmente, la idea base se establece en la relación de comprender de que se compone la materia y a partir de ello, se logra concluir que cada uno de los materiales presentes en nuestro entorno, tiene comportamientos diferentes al aplicarle variaciones de estado, tales como temperatura, presión o simplemente una corriente eléctrica. El hacer referencia a cada uno de los materiales existentes en el planeta es una tarea que no tiene sentido, ya que la Ingeniería hoy en día ha sido separada por sus niveles de formación, de tal forma que los materiales que se utilizan en mecánica, electricidad o áreas de la salud, tienen arreglos químicos distintos para acentuar alguna propiedad. La electrónica propiamente tal, utiliza materiales como cobre, plata y aluminio para llevar a cabo la conducción eléctrica, sin embargo, también, son sinónimo de ser buenos disipadores de calor para su aplicabilidad en semiconductores. Dicho sea de paso, agencias como Electronics Cooling, si bien se encarga de la venta de sistemas de refrigeración para la electrónica, ha hecho un importante aporte a las tecnologías que han ido miniaturizando el tamaño de los equipos electrónicos. Por otro lado, comprender que los materiales, al igual que nuestra condición de ser vivo, análogamente también sufren envejecimiento, derivado directamente de la temperatura, humedad y gases presentes en nuestra atmósfera. Finalmente, cabe recalcar, que la aplicabilidad de cada material, requiere aún más especializaciones dependiendo de la disciplina de trabajo, no siendo extraño, encontrarnos con profesionales, que solo dominan uno o dos de ellos, ajustándolo a sus requerimientos. Los nuevos desafíos claves en la tecnología contemporánea de los materiales, ahora se basan en la ambición de hacerlos mejores conductores de electricidad y calor, como también mejores aislantes de éstas mismas y a la vez la responsabilidad social de reducir al máximo los derivados de residuo asociados a la obra construida con éstos mismos al momento de haber cumplido su vida útil.

## REFERENCIAS


[1] I. d. Física, Escritor, Laboratorio de Física y Matemáticas. [Performance]. Universidad de Talca, 2011.

[2] J. Padial, «Curioseando,» 08 08 2017. [En línea]. Available: https://curiosoando.com/como-funciona-un-televisor.

[3] Infobae, «Infobae,» 1 08 2017. [En línea]. Available: http://www.infobae.com/2006/08/26/272545-el-adios-los-viejos-y-grandotes-televisores-tubo-convencional/.

[4] M. F. García, «Quimica Web,» 08 08 2017. [En línea]. Available: http://www.quimicaweb.net/grupo_trabajo_fyq3/tema4/index4.htm.

[5] T. Oy, «ThingLink Oy,» 08 08 2017. [En línea]. Available: https://www.thinglink.com/scene/668172761134268417.

[6] F. O. Ahulló, Tecnología Industrial Vol 2, Barcelona: Edebé, 2003.

[7] I. C. Serbia, «Dodatna Oprema,» 01 08 2017. [En línea]. Available: http://dodatnaoprema.com/maticne-ploce-za-intel.

[8] L. Coronado, «Ejemplos Quimicos,» 10 08 2018. [En línea]. Available: http://www.ejemplos.co/20-ejemplos-de-enlace-ionico/.

[9] E. S. d. Ingenieros, «Academia de Ingenieria,» 10 08 2017. [En línea]. Available: http://www.esacademic.com/pictures/eswiki/67/Covalent.es.svg.

[10] E. R. J. J. T. D. y. D. F. M. erdinand P. Beer, Mecánica de Materiales, Barcelona: Mc Graw Hill, 2011.

[11] R. Serway, Fisica para estudiantes de Ingeniería, Mexico: Mc Gray Hill, 2011

[12] Dreamstime, «Dreamstime Licencia Abierta,» 01 08 2017. [En línea]. Available: https://es.dreamstime.com/im%C3%A1genes-de-archivo-libres-de-regal%C3%ADas-modelo-aislado-3d-de-un-cedazo-cristalino-del-cobre-image8059539.

[13] R. Serway, Fisica para Estudiantes de Ciencias e Ingeniería, Mexico: Mc Gray Hill, 2011.

[14] H. W. Beaty, Electrical Engineering Material Reference Guide ISBN 0-07-004196-2, Barcelona: Mc Graw Hill, 1990.

[15] D. M. Shetrone, Senior Scientist, Dallas, 2017.

[16] A. B. Figueroa, Polímeros Industriales, Lima: Escuela Superior de Ingenieros , 2010.

[17] H. C. Ramirez, Interviewee, Materiales Semiconductores. [Entrevista]. 01 06 2011.

[18] E. Madrid, «Educa Madrid,» 14 08 2017. [En línea]. Available: http://www.educa.madrid.org/web/ies.alonsoquijano.alcala/carpeta5/carpetas/quienes/departamentos/ccnn/CCNN-1-2-ESO/2eso-FyQ-2016-17/Tema-07-Energia-termica/Tema-07-Energia-termica.html.

[19] Hubscher, Electrotecnia Curso Elemental, SAL TARRAE, 2001.

[20] J. O. Mazzana, Fabricación de componentes cerámicos, Valencia: Universitat Politècnica de València - UPV, 2011.

[21] A. M. d. Frutos, «Overclock,» Computer Hoy, Texas, 2017.

[22] S. S. Kang, «Advanced Cooling for Power Electronics,» Electronics Cooling, vol. 1, nº 1, p. 3, 2017.

[23] M. e. C. T. D. N. González, «Apuntes de Magnetismo,» Azcapotzalco, Universidad Autonoma Metropolitana Mexico, 2017.

[24] F. T. Ramirez, Artist, Viaje de Investigación en Materiales Contemporáneos. [Art]. Elaboración Propia , 2017.

[25] E. Libre, «Creative Commons Atribución-CompartirIgual,» 02 04 2017. [En línea]. Available: http://enciclopedia.us.es/index.php/Ingeniero. [Último acceso: 02 04 2017].